AF340179

Messieurs,

Il est impossible à un artiste de n'être pas ému en se trouvant au milieu de vous. Cette émotion est le signe de la satisfaction et de la joie dans lesquelles votre complaisance m'a placé. Il m'est doux encore de m'associer dans cet honneur à un père, aux heureux et nombreux travaux duquel il vous plaît d'accorder par-là même une récompense nouvelle, et qui, dans sa quatre-vingt-unième année, jouit d'une distinction bien honorable, en siégeant dans le sein d'une assemblée illustre, prise parmi vous.

Je vais mettre en œuvre mes faibles moyens, afin de répondre à votre bienveillance, en vous démontrant l'utilité et les divers avantages d'un instrument que j'ai imaginé en 1820, et auquel, par suite, j'ai ajouté plusieurs propriétés. Cet Instrument a été approuvé et reçu par les Corps du génie militaire et des ponts-et-chaussées. Au Dépôt des fortifications, le rapport a été fait par MM. Berger et Clère ; à la Direction des ponts-et-chaussées, par MM. de Prony, Ageau et Brisson. L'usage en est aujourd'hui presque général ; je puis l'avancer, d'après la quantité que j'en ai construite, et les récits flatteurs que j'en peux produire. Tels sont les titres, Messieurs, dont j'ai voulu être muni avant de me présenter au milieu de vous. Il me restait, pour être pleinement satisfait, d'avoir produit quelque chose d'utile et de nécessaire aux travaux importans commandés aux corps savans, de les placer sous vos yeux, et de vous les faire apprécier. L'unique objet de mon ambition est d'arriver à ce but.

Depuis long-temps je me suis proposé de publier un ouvrage sur les Instrumens d'astronomie, de marine, de géodésie, d'arpentage, de nivellement et de météorologie, que mon père et moi avons imaginés ou perfectionnés, ce qui a renouvelé cette branche d'industrie si utile aux sciences exactes.

Le grand nombre de mes occupations me fait toujours reculer devant ce projet ;

c'est ce qui m'a fait prendre la résolution d'y suppléer provisoirement par des notes détaillées sur chaque genre d'instrument; j'ai nommé ce travail partiel Opuscules, et déjà il est très avancé. Si l'Académie voulait me le permettre, je ferais ces diverses lectures avant de livrer à l'impression, et je recevrais avec un grand empressement les observations qu'on voudrait bien m'adresser, ce qui serait pour moi un nouveau motif d'encouragement pour accélérer le grand ouvrage que je projette toujours.

MÉMOIRE

SUR

LES NIVEAUX-CERCLES.

NOTES PRÉLIMINAIRES

Sur les Niveaux-Cercles, nouveaux Instrumens inventés par LENOIR, *Ingénieur du Roi pour les Instrumens à l'usage des sciences, en* 1820.

DEPUIS très long-temps plusieurs personnes se sont occupées des instrumens propres aux nivellemens, et on s'est constamment attaché à des compositions mécaniques plus ou moins compliquées, qui ont toujours donné de l'incertitude dans les opérations, quels que soient les moyens de rectification qu'on ait indiqués , et quelles que soient les méthodes d'observation qu'on ait dû suivre.

J'ai donc évité les rectifications et les tournemens sur des axes, des pivots , ou des centres, ce qui était pénible et devenait difficile.

D'autre part, on s'est toujours attaché au mécanisme et jamais à la chose essentielle de l'instrument, qui en est sans contredit l'objet majeur : j'entends le tube de verre contenant une liqueur qui doit être bien choisie ; ce qui forme le niveau. La bulle d'air qui y est contenue se meut et donne des résultats en raison de la courbure de la surface intérieure de ce tube de verre par laquelle elle est gouvernée. Il ne faut pas que cette surface soit droite ; la bulle d'air ne se fixerait pas ou s'arrêterait indifférem-ment. Si elle était trop concave, la bulle d'air serait trop tenace au milieu ; et si , au contraire, cette même surface était convexe, la bulle d'air n'aurait pas plutôt quitté un des bouts, qu'en parcourant toute la longueur du tube, elle regagnerait prompte-ment l'autre extrémité; donc il faut un degré de courbure concave bien connu, fruit d'observations faites avec beaucoup de soin; et sans ce choix scrupuleux, toute com-position d'instrumens à niveau ne pourra donner aucun résultat positif. L'expérience

m'a indiqué qu'il était bien que le degré de sensibilité fût tel , que pour une minute
d'inclinaison donnée au niveau , la bulle d'air parcourût l'espace d'un centimètre , et
cela dans toute l'étendue du mouvement que permet la longueur du tube de verre, qui
est dans ceux-ci de 0^m 15., et la bulle d'air, température moyenne , de 0^m 05.

Beaucoup d'ingénieurs trouvent ce degré de sensibilité superflu pour bien des cas.

Je m'occupais depuis long-temps de la construction d'un niveau , et le nouvel instrument que je donne maintenant pour l'usage des nivellemens , et que j'ai nommé
niveau-cercle , est des plus avantageux.

Je n'ai pas voulu prendre le nom de mon nouvel instrument dans une langue étran-
gère , mais je l'ai fait dériver de son usage et de sa forme.

Le principe de ces nouveaux instrumens est une surface circulaire bien dressée , et
par conséquent plane , disposée par construction à être facilement placée dans un plan
horizontal , et cela sans erreur appréciable au niveau qui est amovible. Son degré de
sensibilité est indiqué plus haut. Il est convenable pour toute opération quelconque de
nivellement.

Sur cette surface horizontale , qui , pendant les observations de nivellement , doit

.(8)

être immuable , on place une lunette portant deux carrés parfaitement égaux, de manière que le niveau , placé sur la surface circulaire, ou sur les carrés de la lunette lorsqu'elle est posée sur le cercle, indiquera de même l'exacte position horizontale , et
cela pour un tour entier de l'horizon , sans le moindre déplacement de la bulle d'air.

J'ai été au-delà de mes premières idées par les autres propriétés que j'ai données au
niveau-cercle, et dont j'ai fait quatre constructions différentes, en l'appliquant à la
mesure simple et double des angles, ainsi qu'à l'observation des pentes.

Ces instrumens ont de particulier que les pièces essentielles qui les composent se
déplacent et se replacent à volonté, suivant l'usage qu'on en veut faire , et sans avoir
besoin d'aucune rectification.

J'ai dit plus haut que dans un instrument à niveau, le niveau était la pièce essentielle ; il le devient maintenant , surtout d'après le choix scrupuleux dont il est revêtu,
et les dispositions de sa monture , telle que je l'ai combinée. Il contient de l'éther ; et
d'après le principe voulu dans ces nouveaux instrumens , qui est d'éviter toute rectification, il se trouve rectifié pour toujours. C'est pourquoi il faut avoir un soin extrême
de cet objet , en évitant les chocs et encore plus les chutes.

D'autre part, pour satisfaire aux vœux de plusieurs ingénieurs, j'ai établi une construction de niveau rectifiable, par une vis tellement disposée à un des bouts, que le tube de cuivre a la même solidité que si toutes les parties étaient immuables.

Mais les observateurs peu accoutumés aux combinaisons et au maniement des instrumens, éprouvent de grandes difficultés à la rectification exacte de ce niveau, quoique le moyen en soit facile.

Les connaissances très profondes que l'on donne à MM. les élèves dans les écoles, ne s'étendent pas assez sur les instrumens, ce qui les laisse trop étrangers à leur usage; et lorsqu'ils sont arrivés au temps d'opérer, ils se trouvent quelquefois embarrassés, et souvent imputent les erreurs aux instrumens.

Ce qui rend la combinaison nouvelle de mes niveaux-cercles d'autant plus utile, que par leur simplicité et par leur propriété, ils n'astreignent plus à aucune rectification; et une seule inspection suivie d'un raisonnement juste, en fait saisir tous les avantages. L'usage en devient facile, et les résultats en sont très exacts.

J'ai présenté en 1820 mes niveaux-cercles au dépôt des fortifications, et M. Rogniat, lieutenant-général, inspecteur-général du génie, président du comité, a désigné MM. Clère et Berger, chefs de bataillon du génie, pour en prendre connaissance, et en faire un rapport, ce qui a eu lieu en termes les plus positifs et des plus favorables.

Il en a été de même de celui qui a été fait par ordre de M. Becquey, conseiller-d'état, directeur-général des Ponts-et-Chaussées et des Mines, à cette direction, par MM. de Prony, inspecteur-général ; Ageau, inspecteur-divisionnaire; et Brisson, ingénieur-en-chef au corps royal des Ponts-et-Chaussées.

DESCRIPTION

Et manière de mettre en œuvre les quatre diverses constructions niveaux-cercles.

Cette instruction est divisée en quatre parties, et chacune d'elles expliquera l'usage respectif de ces instrumens. C'est à celui qui fait usage de cette instruction à s'arrêter suivant le genre de l'instrument dont il est possesseur.

La première partie traitera du niveau-cercle le plus simple, et dont l'usage ne s'applique qu'aux nivellemens.

La seconde du niveau-cercle, deuxième construction, c'est-à-dire avec l'addition de l'*alidade-support*, nom que j'ai donné à cette pièce, qui procure l'avantage de pouvoir mesurer des angles, mais à l'aide d'une seule lunette.

La troisième partie indiquera l'usage et l'avantage de la deuxième lunette adaptée à cet instrument, qui, par cette raison, devient *cercle-répétiteur*.

Enfin la quatrième, l'usage de l'*indicateur des inclinaisons*, nom que j'ai donné à cette pièce additionnelle qui s'adapte à la lunette supérieure, et qui donne à cet instrument la propriété de mesurer les pentes.

Cet instrument, dans ses quatre variétés, offre un cercle de même dimension, qui est de 0^m 17 de diamètre. Il est supporté par un triangle que l'on fixe sur un pied qui lui est propre, et qui le maintient avec solidité.

La lunette supérieure, qui est une des principales pièces de ces instrumens, son usage s'appliquant à toutes les observations possibles aux niveaux-cercles, porte un objectif acromatique, produit d'un travail nouveau et particulier ; ce qui lui acquiert un degré de bonté supérieure.

Remarque.   *Cette lunette supérieure produit donc un grand effet : elle porte deux fils en croix, comme il convient pour les nivellemens et les mesures d'angles ; mais si l'on voulait donner à cette lunette le pouvoir de mesurer les distances, ce qui est praticable, alors il faudrait adopter un recticule composé, portant de plus deux fils mobiles et parallèles au fil horizontal (ce qui représente deux distances et trois fils), on les dispose pour embrasser une mire d'un mètre, à la distance, par exemple, de cent mètres exactement mesurés. On conçoit maintenant que, si l'on place une mire divisée de plus d'un mètre à une distance inconnue de l'observateur, les fils de la lunette comprendront alors une quantité quelconque de division qui sera exactement un centième de la distance cherchée.*

D'autres renseignemens plus étendus seront donnés, si on désirait l'addition de cette propriété, qui fait une augmentation de 20 fr.

PREMIÈRE PARTIE,

Indiquant l'usage du Niveau-Cercle simple, première construction, dont l'application unique est de niveler.

Je suppose cet instrument sur son pied (1) : il sera bien de s'assurer si la vis de pression *C*, qui est au bas de la douille, et qui tient au cercle, est fortement serrée, parce qu'il ne faudrait pas que le cercle pût tourner sur le triangle, ce qui serait d'un grave inconvénient.

Il faut maintenant mettre la surface circulaire D horizontale ; et si c'est la deuxième, troisième ou quatrième construction, c'est celle non divisée qui, ayant obtenu du travail toute la perfection possible, devra être mise horizontalement. On placera pour cet effet le niveau F (2) dans la direction d'un diamètre, et parallèlement à deux vis

---

(1). Voir ce qu'il est dit sur les Pieds, page 32, dernier paragraphe.

(2) Ce niveau-cercle est placé dans cette lithographie comme il doit être lorsqu'on opère, ainsi qu'on le verra ci-après.

BB du triangle BBB, à l'aide desquelles on mettra la bulle d'air exactement au milieu ; après quoi on tournera le niveau pour le placer dans la direction de la troisième vis B ; par elle on fera arriver la bulle d'air de même au milieu. Ce second mouvement donné à l'instrument, aura probablement changé la surface de sa position première ; alors il faudra replacer le niveau comme il était primitivement, et ramener la bulle d'air au milieu par les deux premières vis, en les faisant mouvoir bien également, c'est-à-dire en dévisser une de la même quantité qu'on vissera l'autre, et par ce moyen placer la bulle d'air exactement au milieu. Enfin, il sera facile, par les moyens ci-dessus indiqués, de faire en sorte que, le niveau placé diamétralement, mais dans toutes les directions possibles de la surface voulue du cercle, la bulle d'air se rencontre exactement au milieu.

Remarque.   *L'expérience prouve que, pour achever plus promptement de rendre horizontale la surface du cercle sans erreur, en sorte que la bulle d'air du niveau reste constamment au milieu, et cela dans la direction de tous les diamètres possibles, il est bien de placer successivement le niveau dans la direction de chacune des vis du triangle, et de corriger alternativement l'erreur par ces vis, en allant de l'une à l'autre. Il est fa-*

cile, en y réfléchissant, de se représenter le mouvement de la surface sur ces trois points, pour concevoir que pour terminer le placement d'une surface droite dans un plan rigoureusement horizontal, ce moyen est mieux appliqué pour finir, que de continuer d'après le premier principe, qu'on doit toujours employer au commencement, où, dans ce cas, il y a beaucoup à faire.

On placera la lunette EE sur la surface du cercle; un des pivots dans le trou qui est au centre. On s'apercevra que, le niveau placé sur les carrés de la lunette, la bulle d'air occupera la même place exactement que quand il était sur la surface du cercle; et d'autre part, la lunette tournant sur le cercle, et entraînant le niveau placé dessus, la bulle d'air doit encore rester dans la même position, et indiquer une direction rigoureusement horizontale. Ces divers retournemens du niveau sur le cercle, l'entraînement circulaire du niveau sur la lunette; tous ces genres de vérifications qui se rencontrent toujours d'un accord parfait, prouvent que le niveau est exact, que la surface du cercle est parfaitement plane, et que les côtés des carrés de la lunette sont rigoureusement parallèles.

Avant d'opérer, il convient de s'assurer si l'axe de la lunette, qui est déterminé par

le point de rencontre des deux fils placés perpendiculairement entre eux dans l'inté-
rieur de la lunette, se trouve bien parallèle aux côtés des carrés.

Cette épreuve de l'axe de la lunette, qui doit aussi être rigoureusement parallèle à la
surface du cercle, et par conséquent aux plans qui passent par les côtés des carrés de la lunette, peut se faire chez soi, en se plaçant à une fenêtre. Le plan du cercle n'a pas besoin
d'être horizontal. Il convient de diriger la lunette sur un objet marquant dans l'espace,
et d'y placer l'intersection des fils; puis retourner la lunette en l'enlevant, et replacer
dans le trou du cercle l'autre pivot de la lunette qui était précédemment en dessus.

Alors, si le point de rencontre des deux fils ne correspond pas exactement sur le
même objet observé, il faudra corriger la moitié seulement de la différence par la vis
du réticule, qui se trouve du côté de l'oculaire : elle fera mouvoir le châssis qui
porte les fils; puis retourner encore la lunette, afin de s'assurer si on a détruit
entièrement l'erreur; mais il s'en rencontrera probablement une légère, que l'on
détruira par les mêmes moyens et de la même manière. Il est très facile et très important
d'arriver à ce que l'axe de la lunette, par le retournement, se rencontre avec la
plus grande exactitude sur le même objet. Une fois que cette vérification est faite,

il faudrait brusquer la lunette ou tourner la vis exprès pour qu'il arrivât du changement.

Donc, l'axe rectifié, comme il vient d'être indiqué, est parallèle à la surface du cercle; la surface du cercle étant horizontale, cet axe l'est par conséquent aussi.

D'autre part, les côtés des carrés offrant des plans rigoureusement parallèles entre eux, l'axe se trouve parfaitement au milieu de ces plans.

Enfin, le niveau est rectifié avec toute l'exactitude possible, puisque, par le retournement opposé, la bulle d'air revient parfaitement au milieu.

D'après tous ces avantages réunis, qui caractérisent le niveau-cercle appliqué aux nivellemens, suite d'une combinaison simple et suivie d'une bonne construction, on a un instrument commode et très exact; et lorsqu'il est installé sur son pied, comme il a été expliqué dans cette description, le cercle ne doit plus bouger. La lunette seulement tourne et porte le niveau, qui, pour un tour d'horizon, présente constamment sa bulle d'air au milieu; grand avantage pour les nivellemens, et surtout lorsqu'on doit observer dans diverses directions. C'est dans cette position que l'instrument est représenté dans la lithographie.

PRIX : 200 FRANCS.

2

Cette première description est applicable aux quatre genres de niveaux-cercles, mais lorsqu'on ne veut les mettre en usage que pour les nivellemens.

Remarque. Une circonstance digne de remarque, que l'expérience constate et que la théorie démontre, mérite, par son utilité, d'être signalée pour en faire usage, et cela dans le cas où le niveau aurait éprouvé un dérangement, c'est-à-dire que par le retournement, la bulle d'air ne reviendrait pas exactement au milieu, ce qui peut arriver par suite d'une chute, d'un choc, ou même par le seul effet de la dilatation. Dans ce cas, il ne faut pas quitter la station, et croire qu'on ne peut opérer : il est un moyen ingénieux, facile à saisir et à employer, qui, mis en œuvre, donnera des résultats aussi exacts que si le niveau n'avait reçu aucune atteinte.

Le niveau, placé sur la surface voulue de l'instrument, la bulle d'air ne doit donc pas, dans ce cas, se rencontrer au milieu, ce qui se prouve par le retournement, et qui, d'autre part, indique la différence. Il faut alors la rendre sensible à une extrémité de la bulle d'air par deux points d'encre très fins, placés sur le tube de verre, et indiquant exactement cette différence, puis en faire un troisième exactement au milieu des deux. Cela étant ainsi, il est certain qu'un coup de niveau donné, le bout de la bulle d'air coïncidant avec le point du milieu, placé entre les deux qui ont indiqué la différence, sera aussi exact que si le niveau était resté intact et n'eût éprouvé aucune atteinte. La preuve en est qu'en retournant le niveau, la bulle d'air reviendra, non pas au milieu, comme s'il n'avait éprouvé aucun changement, mais bien sur le point intermédiaire, qui devient le point de rencontre dans les observations de ce genre.

Le niveau porte ordinairement deux bracelets qu'il est facile de placer aux extrémités de la bulle d'air, d'après les points donnés qui indiquent l'horizon.

2..

SECONDE PARTIE,

Indiquant l'usage de la pièce appelée alidade-support, *nom que j'ai encore fait dériver de la forme et de l'usage de cette pièce, qui caractérise la deuxième construction.*

C'est à l'aide de cette pièce EE que le niveau-cercle devient propre à la mesure des
angles, mais au moyen d'une seule lunette F. Il est bien de dire ici que la solidité de
l'instrument, et les mouvemens doux des pièces qui doivent se mouvoir, sont une
garantie du résultat exact qu'il donne dans la mesure des angles.

Cette pièce porte un vernier qui indique les minutes de une en une. On doit la placer
au centre de l'instrument; et avec adresse, sans rien forcer, il faut faire engréner le
pignon qui tient au bouton H, ensuite placer la lunette à carré sur les supports, cou-

vrir les deux pivots de la lunette par les deux petites pièces GG , qu'on aura été obligé d'écarter pour la poser (1).

Cela étant fait, si l'on veut partir du zéro du cercle, on y placera le vernier, en faisant tourner l'alidade à l'aide du bouton H, qui est dessus; après quoi, on desserrera la vis de pression C de la vis de rappel, qui est au bas de la douille du cercle, et on le tournera, afin de diriger la lunette vers un des objets qu'on veut observer. Arrivé, à-peu-près, on serrera cette vis de pression, et on achèvera avec exactitude par la vis de rappel, qui n'est placée que pour amener la section des fils avec plus de précision sur l'objet.

Donc, dans cette position, la lunette est dirigée, avec toute l'exactitude possible, sur l'objet, et le zéro du vernier est exactement en coïncidence avec le zéro du cercle.

Maintenant, avec le bouton H, qui est sur l'alidade, on transportera la lunette sur l'autre objet. Ce mouvement de la lunette, par le pignon, doit se faire avec toute la

---

(1) C'est dans cette position que la deuxième construction est représentée dans la lithographie.

délicatesse possible, et l'angle alors parcouru et bien lu, donnera exactement celui des deux objets.

PRIX : 260 FRANCS.

———

Remarque. *Dans mes premières constructions, l'alidade-support n'était fixée sur le cercle que par le centre, et maintenue par son parfait ajustement dans le trou du cercle; mais de certains détracteurs avaient considéré cette disposition comme offrant trop peu de fixité. Le désir de rendre mon instrument exempt de toute critique, m'a fait trouver un moyen bien simple et tellement bon, que je l'applique maintenant même aux grands instrumens d'astronomie, le trouvant plus convenable pour fixer les alidades sur le cercle que l'ancien moyen, par des vis au centre. Il est vrai que le centre étant un peu conique, on peut lui supposer l'inconvénient de s'enlever par son mouvement de rotation, et par conséquent d'enlever l'alidade-support. Ce déplacement pouvait bien ne pas se faire exactement dans une ligne perpendiculaire, et alors la lunette ne devait plus s'incliner parfaitement dans un plan vertical. Cet inconvénient ne pouvait pas faire commettre d'erreur sensible dans la mesure des angles horizontaux ; mais* il n'en était pas de même dans les observations des pentes ou des angles verticaux. Donc, pour remédier à tout, j'ai imaginé deux petites pièces en forme de pinces, qui, avec leurs vis, se fixent à volonté aux rayons du cercle, et diamétralement opposées, et sans nuire au mouvement de l'alidade, ce qui était le grand obstacle. Alors elles empêchent, non-seulement l'alidade-support de s'enlever, mais encore rendent le mouvement autour du centre ferme à volonté (1).

---

(1) Ces petites pièces ou pinces ne sont pas représentées dans la lithographie, ayant été ajoutées depuis.

TROISIÈME PARTIE,

Qui démontre l'usage et les avantages de l'addition de la seconde lunette qui cons-
titue la troisième construction.

J'ai dit que les mouvemens bien combinés de mon instrument (deuxième construction) ne permettent aucun dérangement du cercle, lorsque l'on fait mouvoir la
lunette supérieure pour la diriger d'un objet vers un autre. Mais pour satisfaire les
observateurs incrédules et très scrupuleux, j'ai ajouté une seconde lunette. Elle assure
la mesure simple des angles, et, par sa disposition, elle donne le grand avantage de
pouvoir croiser les observations, ou obtenir le double de la mesure des angles.

On place cette lunette à volonté et avec facilité. Les deux espèces de mouvemens
dont elle est susceptible se régularisent par les deux vis qui lui sont propres.

Je suppose cette lunette inférieure FF en place, et dirigée exactement sur le même objet, que la lunette supérieure LL; alors on amènera, à l'aide du bouton I, la lunette LL sur l'autre objet, et on aura obtenu la mesure simple de l'angle que forment ces objets entre eux. Si le mouvement de la lunette LL n'a occasionné aucune variation à l'instrument, la lunette FF sera restée sur son objet; mais, s'il en était autrement, c'est avec la vis de rappel B, qui est fixée au triangle, qu'il faudra la replacer, puis rétablir la lunette LL; alors toute erreur est corrigée, et la lecture de l'angle, qu'on peut effectuer maintenant, donnera avec exactitude la mesure simple de l'angle, à moins de 3o″, qui est la moitié de la fraction directe que donne chacune des parties du vernier, qui est une minute.

L'addition de la seconde lunette inférieure FF donne la propriété de pouvoir opérer, par angles doubles, ou croiser les observations.

On suppose toujours l'instrument sur son pied et en station; on placera le zéro du vernier de l'alidade-support parfaitement en coïncidence avec le zéro du cercle; ensuite on desserrera la vis de pression C de la vis de rappel B, et on dirigera la lunette supérieure sur l'objet de droite par l'instrument tout entier, en prenant avec délicatesse le cercle GG; on achèvera, pour l'exactitude, par la vis de rappel B, après toutefois avoir serré la vis de pression C ; cela étant fait, on dirigera la lunette inférieure, par son propre mouvement, sur l'objet de gauche. Il est donc facile de voir que l'instrument, dans cette position, a les zéros en correspondance, la lunette supérieure sur l'objet de droite, et la lunette inférieure sur l'objet de gauche.

Actuellement, pour avoir en degrés, minutes et secondes, la valeur double de l'angle, il faut desserrer la vis de pression C de la vis de rappel B, et par le cercle on transportera la lunette inférieure sur l'objet de droite; pour l'amener exactement sur cet objet, on doit se servir de la vis de rappel B dont on aura serré la vis de pression C. Il est facile de voir que par cette manœuvre la lunette supérieure en quittant sa direction, s'est écartée à droite de la valeur de l'angle. Cela étant fait, en prenant le bouton I, qui se trouve sur l'alidade-support, on fera tourner la lunette supérieure pour la diriger exactement sur l'objet de gauche, en la faisant passer devant l'objet de droite. Le mouvement qu'elle aura fait indiquera avec précision la valeur double de l'angle; en sorte que la lecture donnera une valeur en degrés, minutes et secondes, qui, divisée par deux, produira au quotient la quantité exacte de la mesure de l'angle cherché.

Si on désire faire une seconde opération, ce qui donnera quatre fois la valeur de l'angle, il faut, par les procédés ci-dessus expliqués, tourner le cercle tout entier et, par ce moyen, amener la lunette supérieure sur l'objet de droite (en ayant grand soin de ne pas déplacer l'alidade), et finir, pour l'exactitude, avec la vis de rappel B; puis tourner la lunette inférieure, par son seul mouvement, sur l'objet de gauche.

La section des fils ainsi bien placée vers les objets, on amènera par le cercle la lunette inférieure sur l'objet de droite, et, ainsi que dans la première opération, la lunette supérieure se sera écartée de la valeur de l'angle du côté droit; c'est maintenant qu'à l'aide du bouton I, il convient de faire arriver la lunette supérieure sur l'objet de gauche, en passant devant l'objet de droite, alors la valeur donnée sera quatre fois la mesure de l'angle.

En continuant de la même manière, on obtiendra successivement six, huit et dix fois la mesure de l'angle. Cette méthode tend à faire évanouir toute espèce d'erreur.

En général, d'après le principe du cercle-répétiteur, lorsque les lunettes sont mises en mouvement par le cercle, elles décrivent des angles simples, et lorsqu'on les meut seules, c'est-à-dire, indépendamment du cercle, leurs mouvements sont toujours doubles.

Toutes ces diverses manœuvres doivent se faire avec beaucoup de délicatesse et de soin.

PRIX : 3oo FRANCS.

QUATRIÈME PARTIE,

Qui indique l'usage de l'indicateur-des-inclinaisons, nom que j'ai donné à ce petit mécanisme, d'après la nature de ses fonctions, et qui détermine la quatrième construction (1).

Cette addition, qui donne l'avantage de mesurer les pentes, consiste en une petite alidade et un petit bras de levier. Ces deux pièces se placent à un des pivots de la lunette supérieure (celui qui se termine par un carré); l'alidade y entre à frottement circulaire, et le bras du levier à carré. Ces deux pièces se trouvent liées par une vis de rappel qui sert à faire mouvoir l'alidade qui porte un vernier indiquant les minutes de deux en deux. Il est chiffré de manière à pouvoir être placé pour les observations d'élévation et de dépression.

---

(1) Cette quatrième construction n'est pas encore lithographiée.

Maintenant, si on veut faire des opérations de pentes, il faut que l'instrument soit tout monté, à l'exception de la lunette inférieure qui est alors inutile. Le cercle doit être horizontalement placé, enfin disposé comme pour mesurer des angles simples. Alors on fixera au pivot de la lunette l'indicateur-des-inclinaisons, et on n'oubliera pas de mettre la vis qui taraude dans le bout de l'axe; elle presse lesdites pièces convenablement l'une sur l'autre : mais il est bien, après l'avoir serrée fortement, de détourner cette vis d'un demi-tour, afin d'éviter que la trop forte pression des surfaces ne rende le mouvement d'inclinaison de la lunette trop dur. Ensuite on placera la lunette à carré horizontalement; le niveau étant dessus et la bulle d'air parfaitement au milieu. Alors, à l'aide de la petite vis de rappel, on mettra le zéro convenable du vernier en coïncidence avec le zéro de l'arc. Il faut tourner cette vis avec beaucoup de délicatesse. On peut donc considérer maintenant que la lunette est horizontale, puisque la bulle d'air est au milieu, l'alidade est sur zéro. C'est alors qu'il est convenable d'incliner la lunette pour obtenir les pentes. Il faut avoir une table toute calculée, ce qui est facile, et de cette manière on peut obtenir toutes les inclinaisons possibles.

Comme on peut trouver que le placement à la main de la bulle d'air du niveau au milieu devient une opération difficile ; on a sous les yeux le moyen le plus commode qu'il soit possible de donner, la vis de rappel de l'indicateur-des-inclinaisons. Cette vis a deux fonctions : elle fait marcher l'alidade par sa propre disposition ; puis vous n'avez qu'à presser avec les doigts cette alidade sur l'arc divisé, alors le point d'appui ou le point fixe de cette vis changera, et dans ce dernier cas, elle fera mouvoir la lunette, et par conséquent le niveau qui est placé dessus.

Ce qui est encore d'un grand avantage, c'est la propriété qu'a la lunette de pouvoir se tourner toute inclinée sur un plan horizontal ; alors elle peut déterminer autant de points qu'on le désire autour de l'instrument, à des hauteurs déterminées d'après les distances.

Il faut donc considérer maintenant que mettre l'instrument sur son pied, placer la surface du cercle horizontalement, comme il a été dit dans cette description, ne peut pas être entendu comme travail de rectification, mais bien comme installation exigée pour tout instrument possible, et, dans celui-ci, cette installation se trouve être une disposition parfaite pour toutes les directions dans lesquelles on peut avoir à observer, soit pour les nivellemens, pour les mesures d'angles à une séule lunette, ou pour celles d'angles qui en exigent deux; et de plus encore pour la mesure des angles verticaux, ce qui permet l'observation des pentes avec toute l'exactitude possible. Telles sont les propriétés que j'ai données à mon nouvel instrument niveau-cercle.

PRIX : 330 FRANCS.

Dans le prix assigné à ces instrumens, il faut entendre qu'ils sont en boîtes, et que toutes les pièces amovibles y sont bien casées d'une manière indépendante et avec sûreté pour les voyages; et d'autre part, cette disposition est très commode pour les divers usages auxquels ces instrumens sont appelés.

Le prix primitif de ces instrumens y comprend le pied qui est de l'ancienne construction à trois branches; mais comme depuis peu j'ai imaginé un pied qui ne permet plus aucune torsion ni mouvement quelconque à l'instrument placé dessus, je l'ai appliqué aux niveaux-cercles. Mais cette substitution du nouveau pied à l'ancien fait une augmentation de dix francs au prix primitif ci-indiqué.

Le niveau, qui est la pièce essentielle, est dans un étui garni de coton, et on ne saurait trop y porter le soin d'éviter les chocs et surtout les chutes. Cet avertissement ne saurait trop être répété et bien apprécié afin d'avoir toujours, par cette précaution, son instrument disposé à donner des résultats très exacts, directement et sans compensation, le niveau étant rectifié pour toujours et sans moyen de le rappeler d'un dérangement, ainsi qu'il l'a été voulu dans cette nouvelle construction.

Ce niveau non rectifiable est considéré du prix de 20 francs.

Celui rectifiable par une vis disposée à un des bouts; prix : 35 francs.

3

DÉTAILS

Sur les autres divers Niveaux inventés ou perfectionnés par Lenoir.

1º. Niveau, lunette acromatique. Cet instrument a été composé par mon père, et basé sur les principes du cercle répétiteur. Il est tellement combiné que, pour en faire usage, on peut le rectifier; comme aussi, en suivant l'instruction qui l'accompagne, il est possible de le mettre en œuvre sans lui avoir fait subir de rectification, et toujours obtenir une grande exactitude.

Il a encore la propriété de pouvoir mesurer les angles verticaux; et, par conséquent, les pentes peuvent être observées avec exactitude.

PRIX : 450 FRANCS.

2º. Niveau, lunette acromatique de 0ᵐ 50 de long. Cet instrument est perfectionné sur celui de Chézy. La lunette porte sur deux fourchettes, dont une est mobile pour un cas de rectification, expliqué dans l'instruction sur cet instrument, qui, étant compris, et toutes rectifications bien suivies et exactement faites, a la propriété de pouvoir faire un tour d'horizon sans déplacement de la bulle d'air.

Le pied de ces deux espèces d'instrumens est le même ; et a trois branches qui se dévissent au milieu pour être placées dans la même boîte que l'instrument.

PRIX : 36o FRANCS.

3o. Niveau à plans rectangulaires. La lunette qui se place dessus est portée par des carrés ; elle est à objectif simple. Cet instrument se place sur un pied ordinaire à trois branches, dans sa boîte.

PRIX : 15o FRANCS. — LE PIED , 12 FRANCS.

4°. Niveau à pinules, dont une est mobile pour la rectification du parallélisme du rayon visuel avec l'axe du niveau. Ledit instrument dans sa boîte.

PRIX : 100 FRANCS.

Cet instrument est armé d'un genou à boule, et il se place sur un pied ordinaire de 12 francs.

5°. Niveau de pente, de Chézy, et positivement semblable à celui indiqué et décrit dans l'ouvrage de M. Bisson, brumaire an XIV.

PRIX : 200 FRANCS.

6°. Niveau d'eau en fer-blanc d'un mètre ou 1^{m}30 de long.

PRIX : 15 FRANCS.

Un pied ordinaire, ajusté pour ledit niveau.

PRIX : 12 FRANCS.

7°. Niveau ordinaire, monture en cuivre de 0m16 de long, et dans son étui.

PRIX : 12 FRANCS.

8°. *Idem*, mais n'ayant que 0m10 de long.

PRIX : 10 FRANCS.

9°. Deux niveaux réunis en forme de T et en boîte.

PRIX : 25 FRANCS.

10°. Niveau en cristal, sans aucune monture. Une surface plane est formée pour la ténue et la rectification dudit niveau, qui est divisé en millimètres, exprimant, pour l'ordinaire, six secondes; ce niveau est ordinairement mis en usage pour les horizons artificiels; il est dans un étui.

PRIX : 10 FRANCS.

11°. Niveau sphérique de 0^m05 de diamètre, dans sa boîte.

PRIX : 10 FRANCS.

NOTES SUR LES MIRES.

1°. Mire en bois de chêne, composée de deux règles, ayant deux mètres de long chacune, et réunies par des brides en cuivre : le voyant peut s'élever à trois mètres cinquante centimètres. Ces règles sont divisées en centimètres, sur le plat, dans toute leur longueur, et par des verniers, placés convenablement, les millimètres se trouvent indiqués.

PRIX : 36 FRANCS.

2º. *Idem*, mais plus commode, et particulièrement pour les hauteurs au-dessous de deux mètres.

PRIX : 50 FRANCS.

3º. *Idem* à coulisse et perfectionnée sur les deux constructions ci-dessus, réunissant les avantages de la deuxième, et évitant les inconvéniens de la première.

PRIX : 40 FRANCS.

4º. *Idem* plus simple, composée d'une seule règle en bois et d'un voyant qui porte un vernier; il indique les millimètres directement. On obtient avec cette mire une élévation de 2^m.

PRIX : 20 FRANCS.

5°. *Idem*, mais sans vernier, et alors les millimètres s'estiment approximativement.

PRIX : 15. FRANCS.

6°. Mire composée de cylindres de bois de noyer, de la longueur d'un mètre, ferrés et armés de viroles de cuivre à chacun des bouts, et disposés à vis, afin de former la longueur en mètres, suivant l'usage.

Chaque mètre, en y comprenant le voyant,

PRIX : 25 FRANCS.

7°. Mire nouvelle, inventée et décrite par **M.** de Prony, inspecteur-général des ponts-et-chaussées, etc., etc., etc..., dans son Recueil de cinq tables, septembre 1825.

PRIX : 100 FRANCS.

Imprimerie Anthelme Boucher, rue des Bons-Enfans, n°. 34.